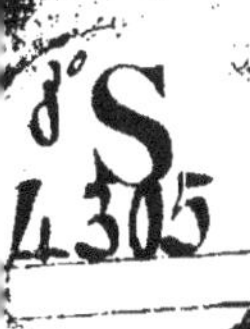

DE LA

CULTURE INTENSIVE

ET RATIONNELLE

DE LA

BETTERAVE A SUCRE

PAR

Eugène DUFAŸ

INGÉNIEUR DES ARTS ET MANUFACTURES

FABRICANT DE SUCRE ET AGRICULTEUR

TROISIÈME ÉDITION

Revue et augmentée.

1885

MELUN

IMPRIMERIE TYPOGRAPHIQUE E. DROSNE

23, RUE DE BOURGOGNE, 23

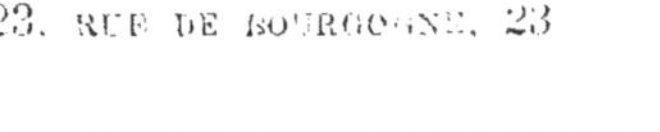

DE LA

CULTURE INTENSIVE

ET RATIONNELLE

DE LA

BETTERAVE A SUCRE

PAR

Eugène DUFAŸ

INGÉNIEUR DES ARTS ET MANUFACTURES

FABRICANT DE SUCRE ET AGRICULTEUR

TROISIÈME ÉDITION

Revue et augmentée.

1885

MELUN

IMPRIMERIE TYPOGRAPHIQUE E. DROSNE

23, RUE DE BOURGOGNE, 23

AVERTISSEMENT

La première édition de cette Brochure date de 1880; elle n'était pas destinée au public, mais seulement aux Agriculteurs qui fournissent des Betteraves aux Sucreries que je dirige. Plusieurs de mes Confrères ayant eu connaissance de ce petit travail, j'ai dû publier, en 1882, une seconde édition qui est épuisée depuis l'année dernière. Pour satisfaire à de nouvelles demandes, j'ai pris le parti de donner cette troisième édition. Elle est entièrement revue et considérablement augmentée.

Je me suis attaché à faire ressortir les conséquences économiques éminemment favorables de la nouvelle législation des Sucres, ainsi que l'obligation absolue qu'elle impose à l'Agriculteur de s'adonner à la culture de la Betterave riche.

J'ai terminé cet opuscule par un résumé, sorte de table des matières développée, qui, permettant d'embrasser rapidement les sujets traités dans les différents chapitres, servira de Memento.

E. DUFAŸ.

DE LA

CULTURE INTENSIVE

ET RATIONNELLE

DE LA BETTERAVE A SUCRE

Considérations générales.

Aujourd'hui que l'agriculture est devenue une science, le cultivateur ne doit plus procéder que la balance à la main et avec le concours du chimiste. Il doit peser ses récoltes, tenir compte de ce qu'elles enlèvent à la terre en éléments constitutifs des engrais, afin de restituer à celle-ci, dans le cours d'une rotation culturale, ce qui a été prélevé par la totalité des produits exportés sous quelque forme que ce soit : racines, céréales, fourrages, lait, viande, laine, etc. En opérant ainsi, il maintiendra son exploitation dans l'état de puissance productrice initiale, cela est incontestable ; mais n'a-t-il rien de mieux à faire ? et si surtout, ce qui est le cas général, le prédécesseur a traité la terre avec parcimonie, le cultivateur n'aura-t-il pas un grand avantage, pour sortir de la situation existante, à faire des avances à la terre, c'est-à-dire à lui donner en éléments des engrais plus que ne lui en enlève la totalité des produits exportés.

Généralement on hésite à faire de fortes avances à la terre : on n'est pas suffisamment convaincu qu'elle rend toujours avec usure les dépôts qui lui ont été confiés ; on craint de travailler pour son successeur, ou au moins de ne recueillir le fruit de ses sacrifices que dans un avenir éloigné, car l'on oublie ou l'on ignore que la chimie moderne, à l'aide des engrais complémentaires du fumier, facilement assimilables et appropriés à chaque plante et à chaque sol, donne le moyen d'arriver rapidement à la production des grosses récoltes. D'autres fois, l'on craint que l'augmentation des récoltes ne vienne pas dédommager des dépenses supplémentaires que l'on aura faites : qu'il n'y ait pas avantage à produire plus, si cela doit coûter plus cher. Si parfois l'on tente d'entrer dans la voie des améliorations, il arrive que l'on emploie des engrais nullement propres aux besoins de la plante que l'on cultive : on donne de l'azote quand c'est de l'acide phosphorique ou de la potasse que la plante réclame, ou bien l'on fait usage, pour les cultures de printemps, d'engrais lentement assimilables et pour les emblavures d'automne de substances à assimilation rapide ; dans l'un et l'autre cas, on arrive à des résultats nuls, on les attribue aux méthodes et l'on revient aux anciens errements.

Mais nous n'avons pas à nous occuper ici de la culture en général ; nous devons nous borner dans cette étude à rechercher les avantages et à exposer les procédés de la culture intensive et rationnelle de la betterave à sucre, c'est-à-dire de celle faite à l'aide d'engrais convenables et de méthodes culturales bien appropriées. C'est cette culture qui, avec le minimum de dépenses, donnera le maximum de produits.

Du But à atteindre.

La loi du 29 juillet 1884 a substitué en France l'impôt sur le sucre à l'impôt sur la betterave, comme en Allemagne. C'est là une législation favorable à tous les progrès : elle a fait la prospérité de l'agriculture et de l'industrie betteravières allemandes, elle doit infailliblement produire les mêmes résultats en France. Mais, sous le régime de cette législation tutélaire, des modifications profondes s'imposent dans les pratiques de la culture de la betterave : il faut que le cultivateur soit bien persuadé qu'aujourd'hui la mauvaise betterave n'a plus aucune valeur manufacturière, que la bonne seule peut être payée un prix élevé ; qu'en conséquence, il ne peut sortir de ce dilemne : ou faire de la bonne betterave, ou ne pas faire de betteraves.

Obtenir de la betterave riche en sucre doit donc être désormais pour l'agriculteur le but de tous ses efforts.

Ce n'est pas à dire pour cela qu'il soit absolument indispensable de suivre servilement les méthodes de la culture allemande ; car il faut bien reconnaître qu'elles sont quelque peu irrationnelles.

Peut-on prétendre, en effet, qu'il soit d'une bonne pratique agricole de prendre dans l'assolement pour tête de rotation une céréale au lieu d'une plante sarclée, le blé au lieu de la betterave; que ce soit une opération rationnelle de semer du blé sur une terre où les récoltes précédentes ont déjà favorisé le développement des plantes adventices et où le fumier, par les graines qu'il contient toujours, en développera d'autres encore ? Ne voit-on pas que cela conduit à l'obligation de biner toutes les récoltes, ce qui peut être possible en Allemagne où la main-d'œuvre est abondante et à vil prix, mais ce qui ne l'est pas assurément en France où l'ouvrier est rare et le salaire très élevé.

N'est-il pas illogique d'appliquer à la culture du blé du fumier en quantité si abondante qu'il ne pourrait arriver à maturité, si on ne neutralisait l'effet de l'excès d'azote contenu dans la fumure, par une dose exagérée d'acide phosphorique ? Il semble, en vérité, que le champ de blé allemand est un peu dans la situation de ce patient auquel on ferait absorber des substances vénéneuses, à charge d'en combattre les effets morbides par des antidotes savamment administrés.

Nous ne parlons pas de l'obligation où l'on est encore, pour éviter la verse, de ne cultiver que des variétés de blé spéciales, à fort rendement il est vrai, mais ne donnant qu'un grain de qualité inférieure, comme le shériff.

Non, ce ne sont pas là de saines pratiques agricoles et, si elles sont usitées en Allemagne, c'est dans le but unique d'obtenir, dans la récolte de betteraves qui suit celle du blé, le maximum de sucre sous le minimum de poids de betteraves.

Mais, est-il bien certain que, même sous l'empire d'une législation qui perçoit l'impôt sur la betterave, ce soit là le véritable but à atteindre ; qu'il faille tout sacrifier, et les bonnes méthodes d'assolement et les forts rendements culturaux, à l'obtention d'une betterave extra-riche ?

Je pense que les Allemands ont forcé la note, qu'ils ne pourront persévérer dans cette voie et qu'il faut éviter en France de tomber dans ces errements. J'estime, pour ma part, qu'il vaut mieux chercher à produire le maximum de sucre sur le minimum de surface cultivée; car, en réalité, c'est le sucre produit sur son champ que vend le cultivateur : il doit donc s'attacher à retirer de ce champ le plus de sucre possible. Voilà la vérité agricole, le véritable problème à résoudre. On le résoudra par la culture intensive et rationnelle de la betterave, qui seule peut procurer de forts rendements en poids de betteraves riches en sucre.

Mais si, « comme agriculteur, je ne crois pas que le système « allemand doive être préconisé en France, comme fabricant de « sucre, je ne vois pas non plus qu'il s'impose.

« Dans ces conditions, il est vrai, le fabricant français « travaillera une betterave moins riche que celle de son « concurrent allemand, une betterave à 12 pour 100 de sucre « au lieu de 14 pour 100; il obtiendra 9 pour 100 de sucre au « lieu de 11 pour 100; mais s'il paie la betterave à fort « rendement en poids 23 à 24 francs au lieu de 28 à 30, et si « le législateur lui accorde une prise en charge inférieure de « 2 pour 100 à celle des Allemands, ne se trouvera-t-il pas « dans des conditions lui permettant de lutter avec eux sur « tous les marchés ? » (1).

Quant à l'agriculteur, il y trouvera également son avantage, car il est incontestablement plus facile d'obtenir 50,000 kilog.

(1) Extrait de ma déposition devant la Commission d'enquête parlementaire sur le régime des sucres, le 21 mars 1884.

de betteraves à 12 pour 100 de sucre ou à 24 francs, ce qui fait 1,200 francs, que d'en produire 40,000 kilogrammes à 14 pour 100 de sucre ou à 30 francs, ce qui ne donne encore que 1,200 francs.

En résumé, si, pour fixer les idées, nous prenons des chiffres, la question se présente de la manière suivante :

Etant donné qu'en France la culture intensive, avec ses errements actuels, produit à l'hectare 50,000 kilogrammes de betteraves à 9 pour 100 de sucre, soit 4,500 kilogrammes de sucre, ne pourra-t-on obtenir encore ces 50,000 kilogrammes de betteraves, mais à 12 pour 100 de sucre, soit 6,000 kilogrammes de sucre à l'hectare ?

La réponse n'est pas douteuse : oui, on peut arriver à ce résultat et l'on peut même le dépasser par la culture rationnelle de la betterave.

Ce sont les procédés de cette culture que nous allons étudier dans les chapitres suivants :

Établissement des formules d'engrais propres à la betterave à sucre.

Il y a environ vingt années, l'illustre M. Georges Ville, dans ses admirables entretiens agricoles de Vincennes, disait que la pratique, basée sur l'observation rigoureuse des faits, lui avait démontré, en se plaçant bien entendu dans des conditions normales de nature du sol, de température, de culture et de graines, que pour obtenir par hectare 50,000 kilogrammes de betteraves, contenant 12 pour 100 de sucre, il fallait fournir à la plante les éléments fertilisants contenus dans la formule suivante :

(A)	Superphosphate de chaux à 12 pour 100 d'acide phosphorique soluble dans l'eau	400 kilogr.
	Chlorure de potassium........	200 —
	Sulfate d'ammoniaque................	200 —
	Nitrate de soude.................. ..	350 —
	Sulfate de chaux.....................	150 —
	Total	1.300 kilogr.

Depuis cette époque et dans ces dernières années, un éminent chimiste, M. Pellet, est arrivé à une formule semblable d'engrais en partant, non plus de résultats pratiques, mais de faits scientifiques basés sur ce raisonnement bien simple : la betterave est une plante à sucre dont, dans de bonnes conditions industrielles et de culture, la richesse doit être de 12 pour 100 de sucre et le rendement de 50,000 kilogrammes à l'hectare ; en dehors de ces conditions, l'acheteur ou le vendeur, et souvent tous deux ensemble, sont lésés dans leurs intérêts. Or, que contient en éléments des engrais une récolte à l'hectare de 50,000 kilogrammes de betteraves à 12 pour 100 de sucre ? Pour le savoir, il n'y avait qu'à analyser la plante entière, c'est-à-dire la racine et les feuilles, et rapporter chacun des éléments constitutifs des engrais contenus dans la betterave à 100 kilogr. de sucre. C'est ce qu'a fait M. Pellet et il est arrivé à ce résultat qu'il fallait mettre à la disposition de la plante, pour obtenir semblable récolte sans épuiser le sol :

(1)	Acide phosphorique	70 kilogr.
	Chaux	100 —
	Magnésie	90 —
	Potasse	200 —
	Azote	120 —

En multipliant ses expériences, il a reconnu que si, parmi ces éléments, il en était un qui, comme la potasse et l'azote, pouvaient varier dans certaines proportions, il y en avait d'autres, tels que l'acide phosphorique, la chaux et la magnésie, dont la constance était frappante par rapport au sucre contenu dans la plante ; que notamment cette relation était tout à fait remarquable en ce qui concerne l'acide phosphorique, et que l'on pouvait en conclure que la terre devait forcément fournir à la betterave 1 kilogr. 100 d'acide phosphorique pour obtenir 100 kilogrammes de sucre.

Cette remarque importante, dont nous aurons à faire usage plus loin, étant faite, revenons à la formule (1).

Des engrais préexistent toujours dans la terre, quelque épuisé qu'ait été le sol par les cultures antérieures : la quantité en est difficile à déterminer *à priori*, mais on peut admettre que, dans la moyenne des cas, la terre cultivée sans engrais aucun, produirait environ 16,000 kilogrammes de betteraves à l'hectare : il y a donc lieu de déduire, de ce chef, le tiers des chiffres de la formule (1), ce qui fait, comme quantités d'éléments des engrais à fournir :

(2)	Acide phosphorique..................	17 kilogr.
	Chaux.............................	66 —
	Magnésie.........................	60 —
	Potasse............................	133 —
	Azote..............................	80 —

Ces chiffres, traduits en engrais chimiques, seront fournis par :

(B)	Superphosphate de chaux à 12 pour 100 d'acide phosphorique soluble dans l'eau................................	400 kilogr.
	Chlorure de potassium..................	250 —
	Sulfate d'ammoniaque..................	150 —
	Nitrate de soude........................	350 —
	Sulfate de chaux........................	200 —
	Total........................	1.350 kilogr.

En examinant les deux formules A et B, on est frappé de leur concordance, et pourtant l'une est déduite d'expériences directes de culture et l'autre de l'analyse complète de la betterave. L'expérimentateur et le chimiste sont donc arrivés, bien qu'en suivant des voies tout à fait différentes, à des résultats semblables. Qu'en faut-il conclure ? C'est que ces résultats sont l'expression indéniable de la vérité, à l'exclusion de tous autres.

La formule des engrais nécessaires à la culture de la betterave étant établie d'une manière indiscutable, nous allons entrer dans la pratique ordinaire des choses.

Habituellement, la culture de la betterave se fait avec du fumier de ferme ; généralement, on en emploie 40,000 kilogr.

ou 50 à 55 mètres cubes à l'hectare. Cette quantité représente ce que l'on appelle une bonne fumure ordinaire. Souvent on se contente de cette fumure, ou bien on ne met que 25 à 30,000 kilogrammes de fumier, auxquels on ajoute un peu d'engrais chimiques ou d'origine organique, dont presque toujours la composition ne correspond pas aux besoins de la plante en dehors de l'engrais fourni par le fumier. Nous verrons plus loin que ces pratiques ne peuvent conduire qu'à des déceptions.

Or, 40,000 kilogr. de bon fumier normal contiennent :

Acide phosphorique	68	kilogr.
Chaux	200	—
Magnésie	96	—
Potasse	200	—
Azote	160	—

Comme l'année peut être sèche et par conséquent peu favorable à la décomposition du fumier, surtout si celui-ci n'a pas été enterré avant l'hiver, il est prudent d'admettre que le quart seulement de ces éléments sera utilisé par la betterave. Les 40,000 kilogr. de fumier employés n'apporteront donc à la récolte que :

Acide phosphorique	17	kilogr.
Chaux	50	—
Magnésie	24	—
Potasse	50	—
Azote	40	—

Si nous déduisons ces chiffres de ceux de la formule (2) ci-dessus, nous obtiendrons les quantités d'éléments restant à fournir par le moyen des engrais chimiques.

Soit :

(3)	Acide phosphorique	30	kilogr.
	Chaux	16	—
	Magnésie	36	—
	Potasse	83	—
	Azote	40	—

Ce qui, converti en engrais, donne la formule suivante :

(C)	Superphosphate de chaux à 10 à 12 pour 100 d'acide phosphorique soluble dans l'eau.	300	kilogr.
	Sulfate d'ammoniaque à 20 pour 100 d'azote.	100	—
	Nitrate de soude à 15 pour 100 d'azote.	150	—
	Chlorure de potassium à 48 pour 100 de potasse.	170	—
	Sulfate de chaux à 34 pour 100 de chaux	50	—
	Total.	770	kilogr.

L'acide phosphorique pouvant être, ainsi que nous l'avons vu précédemment, considéré comme le père du sucre et du reste un excès de cet acide, qui est d'ailleurs peu coûteux, ne pouvant être nuisible, ce qui n'est pas le cas d'autres éléments des engrais et notamment de l'azote dont la surabondance est très préjudiciable et qui coûte environ trois fois plus cher que l'acide phosphorique, il sera bon d'augmenter de 300 kilogr. la dose de superphosphate ci-dessus indiquée, ce qui donnera 600 kilogr. de superphosphate ou environ 70 kilogr. d'acide phosphorique, quantité désignée plus haut comme étant celle nécessaire pour produire 6,000 kilogr. de sucre. Cela permettra de ne pas compter sur l'acide phosphorique du fumier dont l'assimilation immédiate est au moins contestable. Dans ces conditions, la formule (C) étant la formule théorique de l'engrais à ajouter au fumier, la formule pratique sera la suivante :

(D)	Superphosphate de chaux à 10 à 12 pour 100 d'acide phosphorique soluble dans l'eau.	600	kilogr.
	Sulfate d'ammoniaque à 20 pour 100 d'azote.	100	—
	Nitrate de soude à 15 pour 100 d'azote. .	150	—
	Chlorure de potassium à 48 pour 100 de potasse.	170	—
	Sulfate de chaux à 34 pour 100 de chaux.	50	—
	Total.	1.070	kilogr.

Soit 1.070 kilogr. par hectare.

Telle est la quantité d'engrais composé suivant les indications de la formule D qu'il faudra ajouter à 40,000 kilogr. de fumier pour donner à la terre les éléments nécessaires à la production de 50,000 kilogr. de betteraves à 12 pour 100 de sucre.

Nous n'avons pas besoin de faire remarquer que, dans cette étude, qui nous a conduit à l'établissement de la formule D, nous avons supposé que la terre ne contenait par avance en quantité suffisante aucun des éléments des engrais qui composent ladite formule ; que par conséquent, s'il en était autrement, il serait superflu d'introduire dans la composition de l'engrais ceux des éléments préexistant en abondance dans le sol.

Nous reviendrons sur ce sujet pour le développer dans un des chapitres suivants en traitant de l'analyse du sol.

Nous avons supposé dans l'établissement de la formule D que le quart seulement des éléments du fumier pourrait être utilisé pour la betterave : c'est ce qui arrivera d'ordinaire avec une fumure de printemps ; or nous verrons au chapitre des travaux préparatoires du sol que la fumure de printemps doit être complètement proscrite. Mais si le fumier a été enterré dès l'automne et s'il était bien fait, on pourra certainement admettre que la moitié de ses éléments actifs sera utilisable pendant la période de végétation de la betterave.

Les 40,000 kilogr. de fumier employés mettront donc à la disposition de la plante :

Acide phosphorique..................	31	kilogr.
Chaux..............................	100	—
Magnésie...........................	48	—
Potasse............................	100	—
Azote..............................	80	—

Retranchons de chacun de ces chiffres ceux correspondants de la formule (2), nous n'aurons plus à fournir par le moyen des engrais chimiques que :

Acide phosphorique................	13	kilogr.
Magnésie..........................	12	—
Potasse...........................	33	—
Chaux.............................	»	—
Azote.............................	»	—

Ce qui, traduit en engrais, donne :

Superphosphate de chaux à 10 à 12 pour 100 d'acide phosphorique soluble dans l'eau	130 kilogr.
Chlorure de potassium	70 —
Ensemble	200 kilogr.

Et en y ajoutant, comme précédemment, la quantité de superphosphate nécessaire pour faire 70 kilogr. d'acide phosphorique, soit 470 kilogr. et en outre 20 kilogr. d'azote pour activer la première période de végétation de la betterave, nous aurons la formule (D *bis*).

(D *bis*) Superphosphate de chaux à 10 à 12 pour 100 d'acide phosphorique soluble dans l'eau	600 kilogr.
Chlorure de potassium à 48 pour 100 de potasse	70 —
Sulfate d'ammoniaque à 20 pour 100 d'azote	100 —
Ensemble	770 kilogr.

L'engrais de la formule D coûte 200 fr., celui de la formule D *bis* revient à 130 fr. : on voit donc le grand avantage que procure la fumure d'automne au point de vue de l'économie dans les engrais complémentaires à employer. Il est de toute évidence que l'on usera ainsi davantage le fumier, qu'il en restera moins à la disposition des récoltes subséquentes, mais l'avance à la terre, l'année de l'emblavure en betteraves, sera sensiblement réduite.

Nous verrons plus loin, au chapitre des travaux préparatoires du sol, quels sont les autres avantages de la culture sur fumure d'automne.

En attendant, nous ferons remarquer que le cultivateur aura à choisir entre les formules D et D *bis* suivant qu'il devra compter peu ou beaucoup sur l'action du fumier employé ; pour les cas intermédiaires, il pourra établir lui-même une autre formule en suivant la marche que nous avons indiquée.

Nous ne terminerons pas cette importante question des engrais sans parler du guano qui est très employé par beaucoup de cultivateurs.

Cet engrais, lorsqu'il est pur, contient tous les éléments principaux contenus dans la formule D, bien qu'ils n'y existent pas dans les proportions indiquées par la formule (3).

En effet, le guano, tel qu'on le trouve aujourd'hui dans le commerce contient, généralement :

Azote	7 à 8	pour 100.
Acide phosphorique	12 à 14	—
Potasse	2 à 4	—

Or, l'on sait que l'acide phosphorique dans le guano n'existe pas sous une forme assimilable en totalité dès la première année, surtout lorsqu'il s'agit d'une culture de printemps, et c'est le cas de la betterave. On doit donc compter que si la saison est normalement humide, la moitié environ de l'acide phosphorique sera assimilable pour la récolte de betteraves et un tiers à un quart seulement si l'année est sèche. Si donc nous nous plaçons dans cette première hypothèse et que nous ajoutions au fumier 500 kilogr. de guano par hectare, nous fournirons en éléments assimilables par la betterave :

Acide phosphorique	32 kilogr.
Potasse	15 —
Azote	38 —

Si l'on compare cette formule à la formule (3) et sans tenir compte de la chaux et de la magnésie qui préexistent généralement dans le sol, on voit que si les quantités d'acide phosphorique et d'azote sont semblables, il manque 68 kilogr. de potasse. Mais il arrivera fréquemment que le sol possédera une quantité suffisante de potasse, et d'ailleurs la potasse peut être en partie remplacée par la soude qui se trouve en assez grande quantité dans le fumier, surtout lorsque le cultivateur a la bonne habitude de mélanger du sel marin (chlorure de sodium) à la nourriture de ses animaux.

Dans ces conditions, le guano à la dose de 500 kilogr. par hectare sera un bon engrais complémentaire des 40,000 kilogr. de fumier de ferme.

Si le sol manque de potasse et ce sera généralement le cas des terres de bois et prés défrichés, même depuis très longtemps, il sera indispensable de fournir à la betterave les 68 kilogr. de potasse qui manquent, ainsi qu'on vient de le voir, ce qu'on fera en ajoutant aux 500 kilogr. de guano 140 kilogr. de chlorure de potassium.

On a vu plus haut que dans les années sèches il est à craindre qu'un tiers à un quart seulement de l'acide phosphorique du guano soit rendu assimilable par la plante, il sera donc prudent, d'autant plus que cet acide est la base de toute culture de betteraves et qu'il n'y a aucun inconvénient à l'employer en excès, de se mettre à l'abri de cette éventualité en ajoutant au guano 300 kilogr. de superphosphate.

On arrive ainsi à la formule suivante (E) à base de guano.

(E)	Guano...........................	500 kilogr.
	Superphosphate de chaux à 10 ou 12 pour 100 d'acide phosphorique soluble dans l'eau.........................	300 —
	Chlorure de potassium..............	140 —
	Ensemble..........	940 kilogr.

Cette formule, prévoyant les cas de sécheresse et d'épuisement du sol en potasse peut remplacer la formule **D** ; nous estimons pourtant que cette dernière est préférable, parce qu'elle ne contient que des éléments rapidement assimilables.

Dans le cas de fumure d'automne, on pourra employer la formule suivante **E** *bis*, à base de guano, que l'on obtiendra de la même manière qu'on a déduit celle **D** *bis*.

(E *bis*)	Guano................................	250 kilogr.
	Superphosphate de chaux à 10 à 12 pour 100 d'acide phosphorique soluble dans l'eau........................	300 —
	Chlorure de potassium..............	70 —
	Ensemble	620 kilogr.

L'engrais de la formule E coûte 200 francs, celui de la formule E *bis* 120 francs seulement.

On établira de la même manière des formules intermédiaires, suivant les cas.

Il est bien entendu que le guano employé devra avoir la composition sus-indiquée, sans quoi il faudrait modifier les quantités.

On devra tenir essentiellement à ce qu'il soit moulu et non pas brut, c'est-à-dire tel qu'il arrive du pays d'extraction, car le guano brut, outre qu'il est rarement homogène, contient des parties très dures que l'on ne peut réduire dans la ferme en poudre impalpable, ce qui oblige à l'employer dans des conditions défavorables au point de vue de la bonne utilisation des éléments fertilisants.

En résumé, suivant celle des formules ci-dessus D ou E à laquelle on s'arrêtera, la dépense en engrais complémentaires sur fumure de printemps sera, aux cours actuels des engrais, d'environ 200 francs par hectare ; tandis que sur la fumure d'automne, suivant qu'on adoptera la formule D *bis* ou celle E *bis*, la dépense sera de 130 ou 120 francs.

Depuis quelques années on trouve dans le commerce un engrais désigné sous le nom de guano dissous ; c'est du guano ordinaire que l'on a traité par l'acide sulfurique afin de rendre stable l'ammoniaque et plus facilement assimilable le phosphate de chaux. Le guano dissous peut donc être considéré comme un mélange en proportions déterminées de sulfate d'ammoniaque et de superphosphate de chaux. Aussi cet engrais ne présente-t-il pas les inconvénients que nous avons reconnus au guano naturel et le cultivateur pourra souvent avec avantage et en lui donnant toujours la préférence sur le guano ordinaire, le faire entrer dans la composition d'une formule d'engrais similaire de la formule D ou de celle D *bis* et qu'il lui sera facile d'établir d'après les données précédentes. Nous n'avons donc pas à insister davantage sur l'usage judicieux que l'on peut faire du guano dissous.

Avant de terminer ce chapitre des engrais nous devons faire une remarque générale et importante.

Nous avons indiqué dans toutes nos formules le nitrate de soude et le sulfate d'ammoniaque comme source d'azote, tandis que le chlorure de potassium a été indiqué comme élément de la potasse. Cela nous a permis de décomposer ces formules en autant de corps qu'il y avait de matières fertilisantes à y introduire et de les rendre par suite plus faciles à saisir ; mais il faut dire que le nitrate de potasse, sel qui contient environ 45 pour 100 de potasse et 13 pour 100 d'azote et qui, par conséquent, est en même temps source de potasse et d'azote, remplacera à lui seul avec avantage le nitrate de soude et le chlorure de potassium. En effet, les chlorures employés à dose un peu élevée pouvant être nuisibles à la qualité de la betterave, il n'y aura lieu de les employer que comme complément de source de potasse lorsque le nitrate de potasse ne fournira pas assez de potasse par rapport à la quantité d'azote nécessaire. Ainsi, par exemple, si la terre réclame 20 kilogr. d'azote et 100 kilogr. de potasse, cette quantité d'azote sera fournie par 150 kilogr. de nitrate de potasse qui ne donnera que 67 kilogr. de potasse : le surplus, soit 33 kilogr. sera obtenu par 70 kilogr. de chlorure de potassium ; de telle sorte que l'on donnera 20 kilogr. d'azote et 100 kilogr. de potasse par la formule :

Nitrate de potasse..............	150 kilogr.
Chlorure de potassium...... ...	70 —

plutôt que par

Nitrate de soude.......... ...	130 kilogr.
Chlorure de potassium....... .	210 —

Il faut enfin faire remarquer que le sulfate d'ammoniaque devra être éliminé des formules d'engrais destinés aux terres récemment chaulées, car la chaux décomposerait immédiatement le sulfate d'ammoniaque pour former du sulfate de chaux, et l'ammoniaque à l'état gazeux, se dégageant dans l'atmosphère, serait entièrement perdu. Donc, dans le cas d'une terre récemment chaulée, il faut substituer le nitrate de soude au sulfate d'ammoniaque, si on ne doit pas donner de potasse et employer le nitrate de potasse, s'il faut de l'azote et de la potasse.

Dans ces conditions, la formule D *bis*, complémentaire de la fumure d'automne, devient, pour une terre qui a reçu de la chaux depuis peu :

Superphosphate de chaux	600	kilogr.
Nitrate de potasse	75	—
Nitrate de soude	75	—
Ensemble	750	kilogr.

Nous terminerons par ces observations l'étude si importante des engrais.

Du bénéfice que procurent les fumures d'automne avec engrais complémentaires du fumier.

Après avoir établi quelle est la fumure que l'on doit employer pour faire la culture intensive et rationnelle de la betterave à sucre, nous allons voir, et c'est là le point important, quel sera l'avantage que retirera l'agriculteur de ce mode de fumure, comparé à celui qui est usité dans bien des cas où l'on n'emploie pas d'engrais chimiques, mais seulement 40,000 kilogr. de fumier mis au printemps. La dépense en éléments fertilisants mis à la disposition de la récolte ne sera alors que de 100 francs ou du quart de la valeur du fumier ; mais une semblable fumure ne contiendra, ainsi que nous l'avons vu, que :

Acide phosphorique	17	kilogr.
Chaux	50	—
Magnésie	24	—
Potasse	50	—
Azote	37	—

Or, 17 kilogrammes d'acide phosphorique, c'est ce qu'il faut pour engendrer 1.550 kilogrammes de sucre, ainsi qu'il résulte d'une remarque faite précédemment; si donc la betterave contient 12 pour 100 de sucre, on obtiendra par cette fumure :

$\frac{1.550 \times 100}{12} = 12.900$, soit.......... ..... 13.000 kilog.

de betteraves.

A ce nombre, il y a lieu d'ajouter la quantité de betteraves que produirait la terre cultivée sans aucune addition d'engrais, quantité que nous avons supposé être de............ 16.000 kilog.

Soit en totalité............. 29.000 kilog.

Voilà la récolte que l'on obtiendra, année moyenne, dans les conditions de fumure incomplète et tardivement faite que nous venons d'indiquer, et chacun sait que ce chiffre se trouve parfaitement vérifié dans la pratique. Combien de cultivateurs, en effet, ne dépassent pas généralement cette quantité; s'ils obtiennent par hasard un rendement cultural plus élevé, c'est à la faveur d'un automne humide qui a provoqué la décomposition tardive du fumier; mais cette augmentation de récolte n'est obtenue qu'au détriment de la richesse saccharine de la betterave, et toujours la quantité de sucre obtenue à l'hectare est comprise entre 3.500 et 4.500 kilogrammes. Nous défions qu'on nous cite un exemple d'une récolte en sucre supérieure à ce dernier chiffre de 4.500 kilogrammes à l'hectare dans une terre, en état moyen de fumure antérieure, n'ayant reçu que du fumier au printemps, à la dose ordinaire de 40,000 kilogrammes et sans addition d'engrais chimiques.

Report......	29.000 kilog.
Si, au contraire, le fumier a été mis à l'automne avec addition, dès le mois de mars, des engrais de l'une des formules D *bis* ou E *bis*, nous donnerons à la terre les éléments nécessaires pour produire....................	50.000 kilog.
de betteraves à 12 pour 100 de sucre.	
Différence en plus.............	21.000 kilog.

Or, que coûte en plus cette augmentation de récolte? Elle nécessite une dépense supplémentaire en fumier : la moitié, au lieu du quart, sera assimilé, soit en plus........ 100 fr.

Et en engrais de la formule D *bis*............. 130

Puis, pour chargement et transport de 21.000 kilogrammes de betteraves du champ à l'usine, à 1 fr. 50 les 1.000 kilogrammes........................ 31

Dépense en plus.......... 261 fr.

Tandis que la valeur de l'augmentation de récolte, soit 21,000 kilogrammes, à 24 francs les 1,000 kilogrammes, par exemple, sera de 500 francs; la différence en plus sera donc de 240 francs. Ainsi donc, en fournissant à la récolte des éléments fertilisants supplémentaires, qui coûtent 230 francs, on donnera à la terre le moyen de produire une augmentation de récolte de 500 francs par hectare, ce qui correspondra à la réalisation d'un bénéfice de 240 francs. Voilà certes 230 francs bien employés.

Il est bien évident que ce bénéfice ne pourra être entièrement réalisé que si les conditions de culture ont été bonnes, et nous verrons tout à l'heure ce qu'il faut entendre par là, et si, d'autre part, la saison a été favorable au développement normal de la récolte. Dans le cas contraire, le bénéfice sera diminué, il est vrai, mais la dépense supplémentaire en engrais ne sera pas entièrement perdue; car le produit étant moins fort, moins d'engrais sera assimilé et il en restera par suite davantage dans la terre à la disposition des récoltes ultérieures.

Que conclure de tout cela ? Qu'il ne faut pas faire de betteraves avec fumier mis au printemps et que, même avec fumier mis à l'automne, il ne faut pas faire de betteraves sans addition d'engrais chimiques qui devront, et c'est là une condition indispensable, fournir 70 kilogrammes d'acide phosphorique par hectare.

De l'Analyse chimique du sol.

En établissant les formules d'engrais, nous avons supposé que la terre ne contenait par avance, de chacun des éléments fertilisants, que la quantité nécessaire pour produire 16,000 kilogrammes de betteraves par hectare, c'est-à-dire que nous avons supposé le cas d'une terre peu riche en engrais anciens. Or, dans la pratique, il arrivera souvent qu'une ou plusieurs des substances nécessaires à la nourriture de la racine préexisteront dans le sol en quantité suffisante et quelquefois même en excès. Ce serait donc faire, dans le premier cas, une dépense inutile et, dans le second, nuisible, que de fournir à la terre une nouvelle dose de ces substances. Ainsi, par exemple, certaines terres contiennent naturellement de grandes quantités de potasse, d'autres sont très calcaires : l'addition d'engrais potassiques ou calcaires serait un non-sens dans de tels sols.

Il est donc d'un intérêt majeur pour l'agriculteur de connaître tout d'abord la composition chimique de la terre qu'il cultive. Pour cela, il faut avoir recours à l'analyse du sol, ce qui est l'affaire du chimiste. Aujourd'hui que des laboratoires agronomiques existent dans toutes les régions, le cultivateur a toutes facilités pour faire exécuter ces essais, et il ne doit pas hésiter à consacrer une faible somme pour connaître, sous le rapport des engrais, l'état des différentes parties de son exploitation. Il saura par ce moyen quelles sont les provisions alimentaires qui peuvent être mises par sa terre à la disposition des racines.

Il est utile, à ce sujet, d'indiquer les précautions à prendre pour prélever, d'une manière convenable, les échantillons de terre à envoyer au chimiste.

On divisera l'exploitation en un certain nombre de régions, d'autant moins étendues que les récoltes présenteront des variations plus grandes sur les différentes parties du domaine, et l'on prélèvera un échantillon moyen de la terre de chacune de ces régions. Pour obtenir ces échantillons moyens, on pratiquera en plusieurs endroits de chaque région, à dix places au moins, un trou de 50 centimètres de côté environ et de 20 centimètres de profondeur bien exactement. On mélangera sur place, sur une toile et aussi intimement que possible, les différentes parties de cette terre, dont on prélèvera un volume de un litre environ, ce qui constituera un premier échantillon partiel; on réunira les 10 échantillons partiels obtenus ainsi dans les dix trous, ce qui constituera l'échantillon moyen de la région : c'est celui-ci qu'on adressera au chimiste.

Pour tirer des conclusions des résultats fournis par le laboratoire, on les comparera à une terre type, c'est-à-dire à une terre que l'on peut considérer, sous le rapport des existences en matières fertilisantes, dans d'excellentes conditions pour la culture de la betterave. Or, on estime qu'une pareille terre type doit contenir, dans une couche de 20 centimètres d'épaisseur et par hectare, c'est-à-dire sous un volume de 2,000 mètres cubes :

Azote total	4.000	kilogr.
Acide phosphorique	4.000	—
Potasse	6.000	—
Chaux	120.000	—

La pratique agricole indique qu'une terre ainsi pourvue n'a besoin d'aucune addition d'engrais pour produire une excellente récolte de betteraves.

Il y a lieu d'en conclure que, si l'on se trouve en présence d'une terre contenant un ou plusieurs des éléments des engrais en quantités plus grandes que celles indiquées ci-dessus, il sera inutile et peut-être même nuisible de fournir à la plante une nouvelle dose de ces éléments, tandis qu'il faudra au contraire, lorsque les quantités ci-dessus ne préexisteront pas dans le sol, lui donner, pour chacun des éléments faisant défaut, la quantité nécessaire à la récolte, d'après les indications de la formule (1).

Tels sont les enseignements utiles et même indispensables à une culture rationnelle qui seront fournis par l'analyse des éléments nutritifs emmagasinés ou existants à l'état naturel dans le sol.

Hâtons-nous pourtant d'ajouter qu'il faudrait bien se garder de prendre comme seul guide les déductions qu'on peut tirer de l'analyse chimique du sol : elles sont sérieuses, mais pas infaillibles ; car les différents éléments des engrais que la chimie révèle se trouvent dans la terre sous des états divers, ils sont plus ou moins facilement assimilables par les plantes et surtout par la betterave qui, dans la courte période de sa végétation, ne peut guère profiter que des engrais d'une assimilation immédiate.

Les enseignements de l'analyse chimique ont donc besoin d'être complétés par ce qu'on pourrait appeler l'analyse culturale. Ici le chimiste est la plante elle-même et c'est à elle qu'il appartient de dire le dernier mot. Cette analyse culturale est le procédé préconisé par M. Georges Ville, sous le nom de carrés d'essais.

On opère de la manière suivante : on laboure avec soin dans un champ 6 carrés ayant chacun une superficie de un are, soit 10 mètres de côté. Dans le premier carré, on ne met aucun engrais ; le second reçoit un engrais complet d'après les indications de la formule (1), engrais dont tous les éléments soient rapidement assimilables. Le carré, ayant un are de superficie, recevra donc la centième partie des poids indiqués dans cette formule. En conséquence, on fournira à ce carré n° 2 :

Acide phosphorique..................	700	grammes
Chaux............................	1.000	—
Potasse...........................	2.000	—
Azote	1.200	—

Le carré n° 3 recevra les doses d'acide phosphorique de chaux et de potasse ci-dessus spécifiées, mais pas d'azote.

Le carré n° 4, de l'acide phosphorique, de la chaux, de l'azote, mais pas de potasse.

Le carré n° 5, de l'acide phosphorique, de la potasse, de l'azote, mais pas de chaux.

Le carré n° 6, de la chaux, de la potasse, de l'azote, mais pas d'acide phosphorique.

On plantera en betteraves, en les soumettant à des conditions identiques de culture, ces différents carrés ; de l'examen de la récolte joint à l'analyse des betteraves obtenues sur chacun d'eux, on déduira, par la comparaison des carrés 1 et 2, l'influence de l'engrais complet ; le carré n° 3 indiquera si la terre manque d'azote ; le n° 4, si la potasse lui fait défaut ; le n° 5, si elle a besoin de chaux et le n° 6, si elle possède de l'acide phosphorique en quantité suffisante.

Il nous parait inutile d'insister davantage, le lecteur a compris tout l'intérêt qui s'attache à ces expériences et comment elles contrôlent et complètent les indications fournies par l'analyse chimique.

Nous avons pensé qu'il était utile de donner quelque développement à cette étude chimique du sol, afin d'attirer l'attention sur ces questions qui sont généralement, et bien à tort, entièrement mises de côté.

De la Rotation des récoltes dans l'assolement.

Bien que nous n'ayions à traiter dans cet opuscule que de la culture de la betterave à sucre, nous devons dire quelques mots de la rotation culturale.

Nous avons dit précédemment que nous conservions à la betterave la tête de la rotation, au lieu de la donner au blé comme en Allemagne ; mais nous devons insister sur l'obligation de n'ensemencer des betteraves sur les terres sortant de prairies artificielles que lorsqu'elles ont donné trois récoltes après défrichement. C'est en effet une pratique mauvaise de mettre des betteraves sur défriche de luzerne n'ayant fourni qu'une ou même deux céréales: les racines fortes et dures des légumineuses ne sont pas suffisamment décomposées; la terre est trop légère et les insectes souvent y pullulent; la levée de la betterave se fait mal, celle-ci disparaît en partie et les sujets qui restent, coupés à leur pivot par les insectes, deviennent racineux ; les plants étant clairsemés, la betterave ne mûrit pas : aussi dans ces conditions n'obtient-on qu'une récolte faible en betteraves racineuses et de mauvaise qualité.

Ces observations faites, les rotations culturales suivantes sont recommandables :

Rotation de 14 ans :

Betterave, blé, avoine, betterave, blé, avoine, betterave, blé, luzerne, luzerne, luzerne, avoine, blé, avoine.

Rotation de 13 ans :

Betterave, blé, betterave, blé, avoine, betterave, blé, luzerne, luzerne, luzerne, avoine, blé, avoine.

Rotation de 12 ans :

Betterave, blé, betterave, blé, betterave, blé, luzerne, luzerne, luzerne, avoine, blé, avoine.

Nous estimons que cette dernière rotation de 12 ans est la meilleure dans les contrées où la luzerne réussit bien et peut revenir sur la même terre neuf années après le défrichement. C'est celle que nous avons adoptée. En ce cas, les betteraves étant cultivées tous les deux ans pendant les six premières années de la rotation, on pourra n'employer, la troisième et la cinquième année, que de faibles doses de fumier, 25 à 30,000 kilogr. à l'hectare et le complément de fumure sera donné en engrais chimiques ; la première année seulement comportera l'emploi de la fumure à 40,000 kilogr. à l'hectare. Il sera même préférable cette première année de ne mettre aussi que 25 à 30,000 kilogr. de fumier avec addition de 1.000 kilogr. de tourteaux de graines oléagineuses.

Dans ces conditions, les terres recevant des fumures fréquentes, mais jamais fortes, on évitera les inconvénients que présentent pour la betterave les grosses doses de fumier.

Ces considérations terminent la première partie de ce travail ; nous n'avons plus à nous occuper maintenant que des travaux préparatoires du sol, de l'ensemencement et de la récolte.

Des premiers Travaux préparatoires du sol.

Nous nous étendrons sur les soins à donner à la culture de la betterave à sucre, et à ce sujet nous dirons qu'on se ferait une étrange illusion si l'on pensait que la betterave pivotante, c'est-à-dire de bonne espèce sucrière, peut et doit être cultivée de la même manière que les espèces demi-bouteuses, si répandues, ou bien fourragères. Nous indiquerons donc la méthode à suivre dans la culture intensive et rationnelle des bonnes espèces sucrières.

Il est entendu qu'il s'agit ici d'une terre argileuse ou argilo-siliceuse, c'est-à-dire de la nature de celles que l'on est convenu de désigner sous les noms de terre forte ou demi-forte. Si l'on était en présence d'une terre siliceuse ou légère, le mode de culture devrait être sensiblement modifié en ce qui concerne les travaux préparatoires, mais ce cas n'est que l'exception dans les contrées où l'on cultive la betterave.

Ceci posé, voici la méthode à suivre :

Déchaumer aussitôt après l'enlèvement de la récolte de céréales.

Enterrer ensuite, par un labour de 8 à 10 centimètres environ, 20,000 kilogr. ou 25 à 30 mètres cubes de fumier par hectare, après avoir préalablement émietté ce fumier aussi bien que possible.

Donner deux dents de herse Bataille, puis une dent de forte herse Howard et plomber avec un rouleau ou un Croskill.

Epandre une seconde dose de fumier de 20,000 kilogr. à l'hectare, l'enterrer par un labour à au moins 22 centimètres en faisant suivre dans le sillon, immédiatement derrière la charrue, une fouilleuse travaillant à 15 ou 18 centimètres de profondeur.

Ces travaux seront effectués pendant la saison d'automne et on laissera ensuite la terre reposer jusqu'à l'époque des semailles.

Si l'on ne peut mettre dès l'automne la seconde fumure, il faut en tous cas le faire avant le mois de janvier : les fumures de printemps devant être entièrement proscrites. Si, sur certaines parties, on ne pouvait enterrer les deux fumures avant la fin de décembre, il faudrait se contenter d'en employer une seule de 25,000 kilogr. et remplacer la seconde par 1,000 kilogr. de tourteaux de graines oléagineuses. Ces tourteaux devraient être bien pulvérisés, épandus en décembre au plus tard et enterrés par la façon profonde suivie de la fouilleuse.

S'il faut renoncer aux fumures de printemps, il faut également abandonner l'usage des labours profonds à cette époque. C'est, en effet, une erreur de penser que l'on puisse suppléer aux tassements que les pluies et le temps produisent naturellement dans les labours d'automne par des plombages, même énergiques et répétés. Sur ces labours profonds et récents, l'action du rouleau et du Croskill ne produira qu'un tassement superficiel, qui n'atteindra pas les couches profondes : la terre restera creuse, quoi qu'on fasse, et tous les praticiens savent que c'est là une condition très défavorable à la végétation.

L'enfouissement du fumier au printemps, outre l'inconvénient précédent et celui indiqué au chapitre des engrais, en présente un autre très grave, celui de ne pas permettre à la betterave de lutter contre les circonstances atmosphériques défavorables.

Qu'arrivera-t-il, en effet, dans une terre fumée au printemps seulement? Si l'été est sec la végétation de la betterave s'arrêtera dès l'époque des premières chaleurs. Que l'automne ensuite soit sec et la récolte sera infime; qu'il soit humide, le fumier entrera seulement alors en pleine décomposition: la plante repoussera, développant de grandes quantités de feuilles, à une époque où elle devrait les perdre et concentrer dans la racine toute la puissance végétative dont elle dispose. On aura dès lors beaucoup de feuilles, peu de betteraves, et d'une teneur saccharine déplorable.

Avec la fumure d'automne et les vieux labours qui en sont la conséquence, rien de semblable à redouter, ou du moins les effets désastreux d'une sécheresse persistante ou des pluies de l'automne seront considérablement atténués. Nous verrons au chapitre qui traite de l'ensemencement un autre avantage encore de l'usage des fumures et labours d'automne.

Nous ne terminerons pas ce chapitre sans appeler tout particulièrement l'attention sur la nécessité des labours profonds. C'est pourquoi la façon à la fouilleuse que nous avons indiquée plus haut doit-elle être considérée comme indispensable pour obtenir de la betterave à sucre longue, pas ou peu racineuse et à grand rendement. Il serait chimérique d'espérer atteindre ces résultats avec les labours à 20 centimètres de profondeur que l'on fait habituellement. Aussi ne récolte-t-on, dans ces conditions, que des betteraves atrophiées, racineuses et, par suite, d'un faible rendement. On en est réduit à recourir à la culture des espèces dégénérées, sortant de terre et épuisantes dont nous avons parlé en traitant de la graine. Mais alors ce n'est plus de la betterave à sucre que l'on obtient, c'est un produit intermédiaire entre celle-ci et les espèces fourragères, et dont la valeur manufacturière est souvent dérisoire.

Des derniers travaux qui précèdent l'ensemencement.

Dès le mois de mars, aussitôt que le temps le permet et que la terre est suffisamment ressuyée, on doit procéder aux derniers travaux de préparation du sol et à l'épandage des engrais chimiques. A cette époque, il ne faut plus donner à la terre que des façons superficielles. Celles-ci consistent en un hersage sur lequel on sème l'engrais chimique au semoir; on mélange ensuite cet engrais à la terre à l'aide d'une façon à la herse Bataille : les dents de l'outil ne doivent pas pénétrer à plus de 15 centimètres de profondeur de manière à ne pas déterrer le fumier; on passe ensuite une dent de forte herse Howard et l'on rappuie avec le Croskill; puis on laisse la terre en repos jusqu'au moment de l'ensemencement. On arrache alors avec la herse les jeunes plantes adventices qui ont pu lever, et l'on plombe énergiquement avec le rouleau. De cette manière on a une terre propre, en bon état, pour recevoir la graine et qui, lors de la levée des betteraves, ne sera plus envahie par les mauvaises herbes.

Il est préférable d'enterrer l'engrais à l'aide d'une façon légère avec la charrue à trois socs, au lieu de faire ce travail avec la herse Bataille. L'engrais sera, par ce moyen, entièrement recouvert et, par conséquent, mieux utilisé que par l'emploi de l'extirpateur.

En tous cas, le procédé très répandu qui consiste à épandre l'engrais sur le labour seulement au moment de semer la graine, et à ne le mélanger avec la terre que par des façons superficielles à la herse, doit être rejeté; l'expérience prouve que, dans ce cas, le bénéfice que l'on retire de l'addition d'engrais, ne dépasse pas généralement d'une manière sensible la dépense occasionnée par l'achat et l'épandage de cet engrais.

On pourra aussi ne semer tout d'abord qu'une partie de l'engrais, et réserver le surplus pour l'enterrer à une profondeur de 5 à 6 centimètres sous et sur le côté de la graine. On fera cette opération avec un semoir à double effet semant simultanément, à l'aide de deux outils distincts, l'engrais et la graine.

Cette manière de procéder permet d'utiliser mieux l'engrais pour les besoins de la plante cultivée, en le mettant moins à la disposition des parasites, comme aussi, sans doute, d'activer la végétation au début, et il doit en résulter une petite diminution de la quantité d'engrais nécessaire pour obtenir un résultat déterminé ; mais ne doit-on pas craindre que cette traînée d'engrais à assimilation rapide, déposée à proximité de la graine, n'ait pour conséquence de donner naissance à une série de radicelles dirigées dans le sens du sillon, et de déterminer ainsi la formation de betteraves racineuses ? Aussi cette méthode, préconisée dans ces dernières années, ne doit-elle être admise qu'après des expériences comparatives très sérieuses.

En résumé, tous les travaux de préparation du sol pour la culture de la betterave, doivent avoir pour objet d'obtenir une terre chimiquement et physiquement homogène. A cette condition seulement, on pourra légitimement compter sur une récolte abondante de betteraves riches en sucre.

Du choix de la Graine.

Elle devra être de bonne espèce sucrière, donnant des betteraves de nature pivotante, entrant bien en terre sans en sortir, à peau rugueuse et à feuillage développé, les feuilles étant les organes de la sécrétion du sucre. Avec les betteraves sortant de terre, à peau lisse, à petit feuillage, les conditions du problème posé précédemment, qui consiste à obtenir poids et qualité, sont tout à fait irréalisables. D'ailleurs le cultivateur intelligent renoncera à la culture de ces dernières variétés, qui sont plus épuisantes que les espèces véritablement sucrières. Chacun sait en effet que les jus que l'on retire des betteraves sortant de terre sont, toutes les conditions de culture étant les mêmes, plus impurs, plus chargés de sels, à densités égales, que les jus des betteraves qui ne sortent pas de terre, et à ce sujet, nous ne pouvons mieux faire que de résumer les remarquables travaux de M. Henri Pellet, le chimiste si compétent déjà cité.

On peut estimer que les betteraves françaises contiennent en moyenne 10 kilogr. de sels par 100 kilogr. de sucre, celles allemandes, 4 kilogr. 300 seulement. Donc pour 6,000 kilogr. de sucre :

La mauvaise betterave française absorbe $\frac{6,000 \times 10}{100}$ = 600 kilogr. de sel

La bonne betterave allemande absorbe $\frac{6,000 \times 4.3}{100}$ = 258 — —

Voilà la différence quant aux engrais minéraux.

Si nous considérons les engrais organiques, nous arrivons à des résultats aussi différents. En effet, nos mauvaises variétés de betteraves peuvent contenir jusqu'à 2 kilogr. 300 d'azote par 100 kilogr. de sucre, tandis que dans les riches variétés allemandes, la teneur en azote descend jusqu'à 0 kilogr. 860 par 100 kilogr. de sucre ; donc les 6,000 kilogr. de sucre absorbent :

Dans le premier cas $\frac{6,000 \times 2.30}{100}$ = 138 kilogr. » d'azote

Dans le second cas $\frac{6,000 \times 0.86}{100}$ = 51 kilogr. 600 —

Différence en moins . . . . 83 kilogr. 400 d'azote.

ce qui, à 2 francs le kilogr. d'azote, constitue, pour l'azote seulement, une différence de 216 francs à l'avantage des betteraves allemandes.

Le sucre coûte donc beaucoup moins cher à obtenir à l'aide des bonnes variétés de betteraves qu'avec les mauvaises, et l'on peut dire, d'une manière générale, que le sol allemand, à quantité égale de sucre produit, s'épuise environ moitié moins que le sol français. C'est pénible à dire, mais c'est malheureusement la vérité ! Puissent ces chiffres aider à faire disparaître un préjugé trop répandu en France et qui fait croire qu'au contraire, la betterave riche, par ce fait même qu'elle contient plus de sucre, épuise plus la terre que la pauvre : comme si le sucre était constitué par les engrais, tandis qu'il est élaboré par les feuilles sous l'influence de la lumière. Mais revenons à la graine.

Les graines des variétés désignées dans le commerce, sous le nom n° 2, de race pure, à peau rugueuse, achetées à une maison sérieuse, conviennent, dans la généralité des cas, pour obtenir poids et qualité. Pourtant, lorsqu'on se trouvera en présence d'une terre riche en engrais et en bon état de culture, on ne devra pas hésiter à employer les graines des variétés très riches dites n° 1 : le produit du poids par la richesse de la betterave, c'est-à-dire le sucre, sera, à surface égale, supérieur, dans ce cas, par l'emploi des graines n° 1 que par celui des graines n° 2.

S'il ne faut employer que de bonnes variétés de graines, il faut aussi faire, parmi celles ci, un choix judicieux de celles qui conviennent le mieux à chaque région. Pour les déterminer, est d'employer la méthode des carrés d'essai, dont nous avons le meilleur moyen déjà parlé à propos de l'analyse du sol; mais ici tous les carrés reçoivent la même fumure, la graine seule varie. Nous n'avons donc pas à insister.

Nous avons souvent entendu dire qu'on ne peut en France, où, dans la région betteravière, beaucoup de terres sont argileuses ou argilo-siliceuses, employer les graines de betteraves riches : elles ne produisent, dit-on, que des betteraves racineuses. A cela nous répondrons que les cultures betteravières allemandes des bassins de la Leine, de l'Instrut, de l'Elster, ainsi que celles d'une partie des bassins de la Saale et de l'Elbe, produisent des betteraves non seulement très riches, mais encore de forme irréprochable et que, pourtant, les terres de ces régions sont d'une compacité telle qu'elles opposent à la charrue une résistance très grande. Les résultats que les Allemands obtiennent dans leurs terres fortes, nous pouvons les obtenir dans les nôtres. Il suffit pour cela de préparer convenablement le sol.

De l'Ensemencement.

Les travaux qui ont été indiqués étant effectués, la terre sera généralement en parfait état pour recevoir la graine.

On doit avoir bien soin de ne la déposer qu'à un ou deux centimètres de profondeur seulement, à moins de grande sécheresse; dans ce cas, on pourra l'enterrer à trois centimètres, mais cela sera bien rarement nécessaire sur des terres labourées avant l'hiver; car, alors même que la couche superficielle du sol aurait été un peu desséchée par les façons qui ont précédé immédiatement l'ensemencement, l'humidité du sous-sol non remué au printemps remontera par suite du phénomène de l'ascension capillaire et fournira assez d'humidité à la couche supérieure pour permettre la germination de la graine. C'est encore là un des avantages des semailles sur vieux labours.

On ne saurait trop préconiser l'emploi de la graine ayant subi un commencement de germination : la levée se fait d'une manière plus régulière qu'avec la graine non préparée et aussi avec une bien plus grande rapidité, souvent dans l'espace de deux ou trois jours. Il en résulte que le germe reste très peu de temps exposé aux ravages des insectes et n'a guère à redouter l'action des pluies qui, parfois, viennent tasser la terre et compromettre la levée. En outre, on augmente de dix à douze jours la durée de la végétation de la plante, ce qui est considérable.

La graine germée est, depuis longtemps déjà, d'un usage général en Russie. Pour la préparer, on emploiera avec avantage la méthode du comte Bobrinski, que nous avons modifiée ainsi qu'il suit :

On trempe les sacs de graine dans l'eau pendant deux jours, on les fait égoutter pendant quelques heures; on mélange intimement la graine avec du plâtre pulvérisé, à la dose d'environ 80 kilogrammes de plâtre pour 100 kilogrammes de graine, puis on étend sur une aire en couche de 15 à 20 centimètres d'épaisseur, que l'on retourne soir et matin. Lorsque le germe commence à poindre, on tamise pour retirer l'excès de plâtre et les plus petites graines, qui donnent généralement des plants chétifs ou ne lèvent pas. On obtient ainsi une graine pralinée et assez ressuyée pour être semée facilement. Néanmoins tous les systèmes de semoirs ne permettent pas de distribuer régulièrement la graine ainsi préparée; mais les semoirs à cuillères la distribuent généralement très bien.

Immédiatement derrière le semoir, suivant les circonstances de température et l'état de la terre ensemencée, ou bien on donnera une dent de herse Howard très légère, afin de recouvrir toutes les graines et l'on rappuiera avec un rouleau léger, ou bien on fera passer seulement le rouleau Croskill.

Binages. — Dégarnissage. — Espacement des plants.

Aussitôt que la betterave est suffisamment levée pour apercevoir bien distinctement les lignes, on donnera une façon légère avec une houe à cheval — la houe Delahaye est un excellent instrument pour ce travail. S'il y a beaucoup de mauvaises herbes, une façon à la main sera préférable et même indispensable; mais ce cas ne se présentera pas lorsqu'on aura eu soin de préparer la terre en temps opportun, comme on l'a dit précédemment.

Quelques jours après, c'est-à-dire aussitôt que la betterave a quatre feuilles, on procède au dégarnissage. Cette opération doit être effectuée avec le plus grand soin; de la façon dont elle est faite dépend en grande partie l'avenir de la récolte : il faut avoir la précaution de conserver de préférence les plantes les plus vigoureuses et de ne pas les toucher avec les mains ni avec l'outil de peur de les froisser, de rompre les radicelles ou de les blesser d'une manière quelconque; toute plante atteinte lors du dégarnissage languit ou meurt. Pour éviter ces accidents, on ne doit pas chercher à fouiller la terre lors de la façon de dégarnissage; l'ouvrier qui bine profondément, et c'est le cas général, déterrera en partie certaines betteraves, en recouvrira d'autres et en blessera beaucoup: c'est donc là une pratique mauvaise; on y fera facilement renoncer les ouvriers, car la façon superficielle que nous conseillons est moins pénible que le travail qu'ils font habituellement.

Les jeunes betteraves devront être espacées aussi régulièrement que possible et à une distance telle les unes des autres qu'il reste, lors de l'arrachage, 8 à 10 betteraves par mètre carré ; huit si la terre n'est pas depuis un certain nombre d'années en bon état de culture intensive ; dix si le sol est en excellent état d'engrais résultant des cultures antérieures. Mais pour qu'il reste 8 à 10 betteraves par mètre carré, après les binages, il faudra en laisser 10 à 12 lors du dégarnissage pour compenser les pertes résultant des accidents et des ravages des insectes.

On conçoit qu'il soit utile de proportionner le nombre des plants à l'état de richesse en engrais du sol ; en opérant ainsi on augmentera la récolte sans nuire à la qualité de la racine. C'est en effet une chose prouvée jusqu'à l'évidence par des expériences multiples et par la pratique de plusieurs régions betteravières, que dans une terre en bon état de fumure et de culture, le rendement en poids de la betterave augmente avec le rapprochement des plants. Ainsi, pour fixer les idées, on peut dire que si un champ contient 5 betteraves par mètre superficiel et que celles-ci atteignent un poids moyen de 1 kilogr., ce qui correspondra à un rendement de 50,000 kilogr. à l'hectare, le même champ, planté en betteraves à raison de 8 par mètre carré, donnera des sujets d'un poids moyen de 700 grammes, ce qui fera un rendement de 56,000 kilogr. à l'hectare. En outre la teneur en sucre des betteraves du second champ, de celui qui aura donné la plus forte récolte, sera supérieure à celle des betteraves du premier dont la récolte aura été moindre. Il faut dire encore que les betteraves serrées seront toujours, lorsque la terre aura été travaillée et fouillée convenablement, moins racineuses et plus pivotantes que les betteraves laissées à une grande distance.

Sur la question de savoir comment il convient de répartir les 10 à 12 betteraves par mètre superficiel, il n'y a pas, à notre connaissance, d'expériences bien décisives. *A priori*, la plantation au carré ou celle s'en rapprochant autant que faire se peut pour rendre possibles les façons à la houe, paraît être la meilleure au point de vue de l'utilisation des engrais et de l'exposition des feuilles à l'action de la lumière à l'époque de leur complet développement ; tandis que la plantation en lignes écartées, avec rapprochement des plants sur la ligne jusqu'à 18 à 20 centimètres de distance, semble être plus favorable à l'action de la chaleur sur le sol. Or, l'on sait que la chaleur a une grande influence sur le développement de la racine et la lumière sur l'élaboration du sucre qui se fait par l'intermédiaire des feuilles. Il serait d'un grand intérêt d'élucider complètement cette question.

Nous avons fait dans ce but des expériences très complètes. Il en résulte que, pour un même nombre de betteraves par mètre superficiel, le poids moyen de ces betteraves et par suite le rendement reste très sensiblement constant, que les lignes soient écartées avec rapprochement des betteraves sur la ligne, ou bien qu'elles soient rapprochées avec écartement des plants. Quant à la richesse en sucre, elle augmente progressivement et d'une quantité notable à mesure qu'on se rapproche de la plantation au carré. C'est donc cette disposition qui paraît être la meilleure, puisque sans nuire au rendement en poids elle donne les betteraves les plus riches en sucre. Il est utile d'ajouter que dans la pratique il est difficile de laisser 10 à 12 betteraves par mètre carré avec un écartement des lignes supérieur à 40 centimètres, tandis qu'on ne peut passer facilement la houe, avec cet écartement, sans détruire un assez grand nombre de betteraves des lignes entre lesquelles le cheval aura à circuler trois ou quatre fois. Aussi nous croyons devoir recommander le mode de plantation suivant qui permet de se rapprocher davantage de la plantation en carré, tout en donnant la facilité de biner à la houe. Il consiste à avoir un semoir à quatre lignes disposé de telle sorte que les deux lignes du milieu soient distantes de 45 centimètres et les deux lignes extérieures éloignées des deux premières de 30 à 35 centimètres seulement : 30 centimètres, si la terre est riche en engrais ; 35 centimètres, si elle est en moins bon état. Par cette disposition, la plantation présente une largeur de 45 centimètres pour le passage du cheval attelé à la houe et 3 écartements de 30 ou 35 centimètres. Les quatre lignes réunies occuperont donc dans le premier cas une largeur totale de 0 m. 45 + 30 × 3 = 1 m. 350 ce qui fait un écartement moyen de 34 centimètres. Dans ces conditions on aura 11 betteraves par mètre carré en les laissant à 27 centimètres de distance sur la ligne ce qui est également un espacement très convenable pour les façons à la main.

Ces remarques importantes faites, revenons aux soins à donner à la plante.

Aussitôt après la mise en place, il est utile de donner une façon à la houe. Quinze jours après, on procède à la deuxième façon à la main. Celle-ci doit être donnée aussi profondément que possible et être suivie d'une deuxième façon à la houe. Si une troisième façon à la main est nécessaire, ce qui n'arrivera guère que dans les années pluvieuses, on la donnera aussitôt que possible afin de détruire les dernières mauvaises herbes. On donnera enfin une quatrième façon à la houe, plus profonde que les précédentes. Pour cette dernière façon, on supprimera les couteaux de la houe, on enlèvera le soc léger qu'elle portait et on le remplacera par un soc plus fort de 20 à 25 centimètres de largeur, suivant l'espacement des lignes : avec ce seul outil on cassera moins les feuilles de betteraves qui, à cette époque, couvrent la terre et on produira un buttage léger. Ce dernier travail devra être fait à la fin du mois de juillet au plus tard. A partir de cette époque, on ne doit plus donner de façons à la betterave : celles-ci seraient plutôt nuisibles que favorables au rendement de la récolte, car elles favoriseraient le développement de la feuille au détriment de celui de la racine et retarderaient la maturation.

Il arrive même souvent qu'à la suite d'une pluie un peu forte la betterave développe une grande quantité de chevelu qui envahit tout le sol dès le commencement de juillet. Si, à ce moment, le buttage n'est pas encore fait il vaut mieux y renoncer et le remplacer par une façon très légère avec les couteaux de la houe, sans les socs, ou mieux encore avec un outil spécial garni de dents; mais, en aucun cas, il ne faut détruire ce chevelu.

De l'Arrachage.

Dès que la betterave sera mûre, ce qui arrivera ordinairement du 10 au 20 septembre pour les betteraves semées dans la première quinzaine d'avril, on procèdera à l'arrachage. Cette opération doit s'effectuer à la machine dite *arracheuse de betteraves* ; il existe aujourd'hui plusieurs types de ces outils dont le fonctionnement est satisfaisant.

Quelque soit le système employé on peut dire que l'arrachage mécanique est indispensable dans la culture que nous venons de décrire. En effet, la betterave devra être longue, entièrement en terre et très serrée. Dans ces conditions, l'arrachage ordinaire à la main serait onéreux et défectueux : beaucoup de betteraves seraient blessées par l'outil, d'autres ne pourraient être entièrement arrachées et une partie resterait perdue dans la terre. Avec l'arracheuse, ni l'un, ni l'autre de ces inconvénients n'est à craindre et de plus, on n'a pas besoin d'ajourner l'arrachage quand la terre est sèche, ce qui est le cas général au mois de septembre, ajournement qui apporte aux emblavures en blé un retard bien souvent irréparable.

On peut encore effectuer l'arrachage à la charrue, avec un brabant simple un peu modifié, suivant la méthode préconisée et employée depuis longtemps déjà par MM. Desprez, nos grands producteurs de graines de betteraves. Ce moyen est le plus expéditif, car le labour pour le blé se trouve fait par l'arrachage, mais pour que le débardage des betteraves soit économique et facile il faut l'effectuer en ce cas avec un chemin de fer portatif.

De la conservation des Betteraves.

Sous le nouveau régime des sucres, la valeur de la betterave s'exprime par le prix de vente majoré de l'impôt ; soit pour betteraves à 24 francs : 24 + 30 = 54 francs les 1,000 kilogr. On conçoit donc qu'il y ait un intérêt bien plus grand que par le passé, où la betterave valait 20 francs environ, à lui conserver autant que possible sa teneur en sucre pendant le temps qui sépare l'arrachage de la mise en œuvre dans l'usine. Le cultivateur est au moins aussi intéressé à cette bonne conservation que le fabricant, car il ne peut plus être question aujourd'hui d'autre mode d'achat que de l'achat d'après la teneur en sucre à l'époque de la livraison. Si le fabricant reçoit toute la betterave au fur et à mesure de l'arrachage, il devra emmaganiser la majeure partie de sa fabrication dans un espace généralement trop restreint, par suite l'ensilotage sera fait dans de mauvaises conditions et l'acheteur devra mettre en ligne de compte, pour la fixation du prix de base de ses achats, la dépréciation anormale que subira la betterave sur la cour de son usine. Le cultivateur, au contraire, ayant tout l'espace voulu et n'opérant que sur des quantités relativement faibles, pourra mettre en silos dans d'excellentes conditions une partie de sa récolte qu'il ne livrera qu'après la semaille des blés. Il trouvera à cela deux avantages : celui de vendre plus cher une betterave mieux conservée et celui de terminer plus tôt ses ensemencements.

Cette manière de procéder est générale en Allemagne où les usines ne sont approvisionnées qu'au fur et à mesure des besoins ; il serait désirable qu'elle fût généralisée en France où elle n'est adoptée encore que dans un petit nombre de localités.

Il est donc bon de dire quelques mots de la conservation des betteraves.

En Allemagne, on fait de petits silos ne contenant guère chacun que 5 à 6.000 kilogrammes de betteraves. Ces silos sont généralement disposés sur le champ même. Ils tiennent beaucoup de place, ce qui n'a aucun inconvénient, puisque, le blé précédant la betterave au lieu de lui succéder, on n'a ordinairement besoin de la terre que pour les emblavures de printemps. La conservation est excellente dans ces petits silos; mais cet ensilotage serait très onéreux en France, où la main-d'œuvre est d'un prix élevé. On peut néanmoins obtenir de bons résultats avec moins de frais, en faisant des silos n'ayant pas plus de 2 mètres de largeur à la base, 50 centimètres au sommet et 2 mètres de hauteur. On couvre les côtés de terre et le dessus n'est préservé que par un peu de mauvais foin ou de paille d'avoine.

Il vaut mieux ne décolleter que peu les betteraves qui doivent rester un certain temps en silo : une betterave trop décolletée meurt et pourrit ; il est préférable de conserver à la racine la vie végétative ; la déperdition du sucre est bien moins considérable, car les petites feuilles qui repoussent prennent leur nourriture dans le collet. On coupera celui-ci avant la livraison à l'usine et l'on aura sur place un bon aliment qu'on peut donner tel quel aux moutons.

CONCLUSIONS

Nous venons d'exposer les méthodes de la culture intensive et rationnelle de la betterave, de celle, avons-nous dit au commencement de cet opuscule, qui doit permettre d'obtenir 6.000 kilogrammes de sucre à l'hectare, au lieu de 4,500, ou bien 50.000 kilogrammes de betteraves à 12 pour 100 de sucre, au lieu de 50.000 kilogrammes à 9 pour 100 que l'on obtient généralement en suivant les errements habituels de la culture intensive. La meilleure conclusion que nous puissions tirer des faits exposés dans cette brochure, est de comparer la valeur industrielle de ces deux qualités de betteraves.

De la betterave à 9 pour 100 de sucre donnera 6 pour 100 de rendement en raffiné ; cette betterave permettra donc seulement au fabricant de couvrir la prise en charge actuelle. Nous disons actuelle, car la loi du 29 juillet 1884 prévoit, à partir de la campagne 1887, une augmentation annuelle de 0,25 pour 100 qui conduira à une prise en charge de 7 pour 100 en 1890. Nous devons donc prévoir cette échéance peu éloignée et, en tous cas, nous placer dans l'hypothèse où s'est mis le législateur d'un excédent de 2 pour 100, soit 10 francs de prime, puisqu'il a augmenté l'impôt de 10 francs, en prévision des excédents. C'est donc sur ce chiffre de 10 francs qu'il faut tabler, car s'il venait à être dépassé sur l'ensemble de la production, le budget serait en déficit et la prise en charge de 7 pour 100 serait augmentée infailliblement.

Or, les personnes un peu au courant de la fabrication du sucre reconnaîtront qu'au prix actuel du sucre, soit 40 francs les 100 kilogrammes, la betterave à 9 pour 100 de sucre, c'est-à-dire celle laissant un déficit de 1 pour 100 ou de 5 francs par 1.000 kilogrammes sur la prise en charge, n'a qu'une valeur industrielle insignifiante.

Au contraire, avec la betterave à 12 pour 100 de sucre, le rendement industriel atteindra 9 pour 100, soit 2 pour 100 d'excédent sur la prise en charge de 7 pour 100, ci.................................... 10 fr.

Auxquels il faut ajouter 30 kilogrammes de sucre à 40 francs, ci.................................... 12

Ensemble.............. 22 fr.

On peut donc dire que la betterave à 12 pour 100 de sucre vaut 22 francs de plus par 1.000 kilogrammes que celle à 9 pour 100, ce qui fait 1,100 francs par hectare, à 50.000 kilogrammes de rendement, ci.......... 1.100 fr.

Or, quels sont les frais supplémentaires pour obtenir cette plus-value :

70 kilogrammes d'acide phosphorique............................	70 fr.	
Dépense en plus pour binages des betteraves plus rapprochées...........	20	
Dépense en plus pour arrachage et chargement........................	20	
Total des frais supplémentaires...	110 fr.	110
Différence.................		990 fr.

Ainsi, obtenir sur un hectare 50.000 kilogrammes de betteraves à 12 pour 100 de sucre, au lieu de 50.000 kilogrammes de betteraves à 9 pour 100 de sucre, c'est créer de toutes pièces sur ce seul hectare une valeur supplémentaire de 990 francs.

Et si, nous plaçant à un autre point de vue, nous comparons les résultats économiques de la récolte dans les deux cas, nous arrivons aux chiffres suivants :

La betterave à 12 pour 100 de sucre étant estimée 24 francs les 1,000 kilogr., celle à 9 pour 100 de sucre ne vaut que 24 — 22 = 2 francs les 1,000 kilog. ce qui est un prix dérisoire. Donc la récolte de 50,000 kilogr. de betteraves à 12 pour cent de sucre vaudra 1,200 francs, tandis que celle à 9 pour 100 de sucre ne vaudra que 100 francs.

La récolte à 12 pour 100 de sucre, en faisant supporter à la seule récolte de betteraves tous les frais qu'elle a occasionné, coûtant 1,000 francs, la récolte à 9 pour 100 de sucre coûte, dans les mêmes conditions, 1,000 — 110 = 890 francs. Donc, dans le premier cas et tous frais payés, le bénéfice par hectare est encore de 200 francs, tandis que dans le second la perte est de 790 francs.

Toutes ces déductions peuvent paraître extraordinaires *a priori*, mais ce sont là des chiffres dont l'exactitude est indiscutable.

En présence de ces résultats nous ne saurions mieux conclure qu'en répétant ce que nous avons dit en commençant :

Faire de la betterave riche en sucre ou bien ne pas faire de betterave du tout.

Et nous ajouterons : Faire de la betterave riche, c'est le blé obtenu à bon marché, c'est la lutte possible avec l'étranger ; ne pas faire de betteraves, c'est le prix de revient du blé plus élevé que le prix de vente, c'est la ruine à courte échéance !

RÉSUMÉ

Conditions générales (PAGE 5).

Il est nécessaire de restituer à la terre les éléments constitutifs des engrais en quantité au moins égale aux prélèvements faits par les récoltes. En procédant ainsi, on maintient l'exploitation dans l'état de puissance productive initiale ; mais il y a mieux à faire, c'est d'augmenter la production ; l'on peut arriver rapidement à ce résultat à l'aide d'engrais complémentaires du fumier, facilement assimilables et appropriés à chaque plante et à chaque sol. On ne doit pas craindre que l'augmentation des récoltes ne vienne dédommager des dépenses supplémentaires que l'on aura faites. En un mot, il faut faire de la culture intensive ; c'est elle qui, avec le minimum de dépenses, donnera le maximum de produits.

Du but à atteindre (PAGE 6).

La loi du 29 juillet 1884 a substitué l'impôt sur le sucre à l'impôt sur la betterave comme en Allemagne. C'est là une législation favorable à tous les progrès, mais qui impose des modifications profondes dans les pratiques de la culture de la betterave ; il faut que le cultivateur soit bien persuadé qu'aujourd'hui la mauvaise betterave n'a plus aucune valeur manufacturière, tandis que la bonne peut être payée un prix élevé. En réalité, c'est le sucre produit sur son champ que vend le cultivateur, il doit donc chercher à obtenir le maximum de sucre sur le minimum de surface cultivée. C'est par la culture intensive et rationnelle de la betterave qu'il résoudra ce problème, que l'on peut, pour fixer les idées, poser de la manière suivante :

Etant donné qu'en France la culture intensive avec ses errements actuels produit à l'hectare 50,000 kilogr. de betteraves à 9 pour 100 de sucre, c'est-à-dire 4,500 kilogr. de sucre, il s'agit d'obtenir encore ces 50,000 kilogr. de betteraves, mais à 12 pour 100 de sucre, soit 6,000 kilogr. de sucre à l'hectare.

On y arrivera et on dépassera même ces résultats par la culture rationnelle dont on va ci-après étudier les procédés appliqués à la betterave.

Établissement des formules d'engrais propres à la betterave à sucre (Page 9).

Pour obtenir 50,000 kilogr. de betteraves à l'hectare à 12 pour 100 de sucre, soit 6,000 kilogr. de sucre sans épuiser le sol, il faut fournir à la plante en éléments facilement assimilables :

Acide phosphorique	70	kilogr.
Chaux	100	—
Magnésie	90	—
Potasse	200	—
Azote	120	—

La potasse et l'azote peuvent varier en certaines proportions, tandis que la chaux et la magnésie représentent des quantités généralement constantes par rapport au sucre contenu dans la plante. Pour l'acide phosphorique la relation est tout à fait remarquable et l'on peut dire qu'il faut 1,100 grammes d'acide phosphorique pour produire 100 kilogr. de sucre.

Dans la pratique, on emploie du fumier de ferme à la dose de 40,000 kilogrammes environ à l'hectare. Cette quantité de fumier, lorsqu'il est de bonne qualité, contient :

Acide phosphorique	68	kilogr.
Chaux	200	—
Magnésie	96	—
Potasse	200	—
Azote	160	—

Il faut, de toute nécessité, enfouir le fumier à l'automne, afin qu'il puisse se décomposer et être d'une assimilation facile par la betterave, et encore, dans ces conditions, doit-on admettre que la moitié seulement de ce fumier est utilisé par la récolte, il faut donc lui fournir un engrais complémentaire sous forme facilement assimilable et contenant surtout assez d'acide phosphorique pour ne pas avoir à compter sur l'action de celui contenu dans le fumier, dont l'assimilation immédiate est au moins contestable.

Cet engrais chimique devra contenir :

Acide phosphorique	70	kilogr.
Potasse	33	—
Azote	20	—

que l'on obtiendra par la formule :

Superphosphate de chaux à 10 ou 12 p. 100 d'acide phosphorique soluble dans l'eau.	600	kilogr.
Chlorure de potassium	70	—
Sulfate d'ammoniaque	100	—
Ensemble	770	kilogr.

ou mieux encore, surtout lorsque les terres auront été récemment chaulées, par cette seconde formule :

Superphosphate de chaux	600	kilogr.
Nitrate de potasse	75	—
Nitrate de soude	75	—
Ensemble	750	kilogr.

Du bénéfice que procurent les fumures d'automne avec engrais complémentaires de fumier (PAGE 20).

La fumure de printemps à la dose de 40,000 kilogrammes, sans engrais chimiques complémentaires, ne peut produire en général que 3,500 kilogrammes de sucre à l'hectare, soit 30,000 kilogrammes de betteraves à 12 pour 100 de sucre; s'il y a plus de poids il y aura moins de sucre.

La fumure d'automne, avec addition des engrais indiqués plus haut, pourra donner 6,000 kilogrammes de sucre à l'hectare, soit 50,000 kilogrammes de betteraves à 12 pour 100 de sucre.

On a calculé que la dépense supplémentaire, par suite d'une usure plus grande du fumier et de l'achat de l'engrais chimique, était de 230 francs, mais que, par l'augmentation de la récolte, il restait un bénéfice de 240 francs, c'est-à-dire plus de cent pour 100 de la dépense.

Donc plus de fumures de printemps et même plus de fumures d'automne sans addition d'engrais chimique capable de fournir au moins 70 kilogr. d'acide phosphorique par hectare.

De l'analyse chimique du sol (Page 23.)

Elle est nécessaire, car elle indique le stock des provisions alimentaires qui peuvent être mises par la terre à la disposition des racines. Ce serait faire une dépense inutile et parfois nuisible de fournir à la plante par des engrais, des éléments qui préexisteraient en quantité suffisante ou en excès dans le sol.

Une bonne terre type, c'est-à-dire une terre qui n'a besoin d'aucune fumure pour produire une excellente récolte de betteraves doit contenir dans une couche de 20 centimètres d'épaisseur et par hectare :

Azote total	4.000	kilogr.
Acide phosphorique	4.000	—
Potasse	6.000	—
Chaux	120.000	—

Les enseignements de l'analyse chimique du sol doivent être complétés par l'analyse culturale, ou méthode des carrés d'essais préconisée par M. Georges Ville.

De la rotation des récoltes dans l'assolement (Page 26).

Il ne faut pas mettre de betteraves sur une terre de prairie artificielle n'ayant pas reçu au moins trois récoltes après défrichement.

Dans les contrées où la luzerne réussit bien et peut revenir sur la même terre neuf années après le défrichement, la rotation suivante de douze années est recommandable : betterave, blé, betterave, blé, betterave, blé, luzerne, luzerne, luzerne, avoine, blé, avoine.

La première fumure pour betterave se fera avec 40,000 kilogrammes fumier, ou mieux 30,000 kilogr. et 1,000 kilogr. tourteaux. La deuxième fumure avec 30,000 kilogr. fumier. La troisième avec 25,000 kilogr. Le complément de la fumure sera fourni par les engrais chimiques. Avec ces fumures fréquentes, mais jamais fortes, on évitera les inconvénients que présentent pour la betterave les grosses doses de fumier.

Des premiers travaux préparatoires du sol (Page 28).

Déchaumer aussitôt après l'enlèvement de la récolte de céréales.

Enterrer 20,000 kilog. à l'hectare de fumier bien émietté par un labour à environ huit centimètres.

Donner deux dents de herse Bataille. Une dent de forte herse Howard et plomber.

Epandre la seconde dose de fumier, 20,000 kilog., l'enterrer par un labour à 22 centimètres avec fouilleuse travaillant derrière la charrue à 15 ou 18 centimètres de profondeur.

Tous ces travaux doivent être effectués à l'automne. Si dans certaines terres on ne peut enfouir le fumier avant décembre, ne mettre que 25 à 30,000 kilog. fumier et compléter par 1,000 kilog. tourteaux de graines oléagineuses. En aucun cas ne mettre de fumier plus tard que fin décembre.

Des derniers travaux qui précèdent l'ensemencement (Page 31).

Dès le mois de mars, si la terre est suffisamment ressuyée, herser le labour, semer l'engrais chimique, l'enterrer à la herse Bataille ou mieux par un labour léger avec la charrue à trois socs, herser et rouler.

Immédiatement avant l'ensemencement, herser pour détruire les jeunes plantes adventices, et plomber énergiquement.

Du choix de la graine (Page 32).

N'employer que des graines de bonnes espèces sucrières donnant des betteraves de nature pivotante ne sortant pas de terre, à peau rugueuse et à feuillage développé. On choisira les graines dites n° 2 de race pure, pour les terres de fertilité moyenne, celles dites n° 1 pour les bonnes terres.

On a calculé que le sucre coûte beaucoup moins cher à obtenir à l'aide des bonnes variétés de betteraves qu'avec les mauvaises, et que par l'emploi de ces bonnes graines, le sol allemand, à quantité égale de sucre produit, s'épuise environ moitié moins que le sol français.

De l'ensemencement (Page 34).

Ne semer la graine qu'à un ou deux centimètres de profondeur.

Employer la graine ayant subi un commencement de germination et préparée par la méthode du comte Bobrinski.

Binages, dégarnissage, espacement des plants (Page 36).

Dès qu'on aperçoit distinctement les lignes de betteraves, donner une façon légère à la houe. Aussitôt que la plante a quatre feuilles il faut procéder au dégarnissage. Laisser dix à douze pieds par mètre carré suivant l'état de culture de la terre afin qu'il en reste huit à dix à la récolte. Il faut répartir les plants de manière à se rapprocher le plus possible de la plantation au carré tout en permettant de biner à la houe.

Donner une seconde façon de houe aussitôt après la mise en place.

Quinze jours après on donne une deuxième façon à la main suivie d'une troisième à la houe. On pratique un léger buttage par une quatrième façon à la houe donnée en juillet avant l'époque de l'apparition du chevelu.

De l'arrachage (Page 40).

Il doit se faire mécaniquement, soit avec une arracheuse de betteraves, soit avec un brabant modifié suivant la méthode de M. Desprez.

De la conservation des betteraves (Page 40).

Faire des silos n'ayant pas plus de 2 mètres de largeur en bas, 50 centimètres au sommet, 2 mètres de hauteur, couvrir de terre les côtés, le dessus de mauvais foin ou de paille d'avoine.

Ne décolleter que peu les betteraves qui doivent rester un certain temps en silos. Achever le décolletage avant la livraison à l'usine et donner les collets aux moutons.

Conclusions (Page 42).

Sous l'empire de la nouvelle législation des sucres la betterave à 12 pour 100 de sucre vaut 22 francs de plus par mille kilog. que la betterave à 9 pour 100. Cette dernière n'a plus qu'une valeur dérisoire. On a calculé qu'en obtenant sur un hectare 50,000 kilog. de betteraves à 12 pour 100 de sucre au lieu de 50,000 kilog. à 9 pour 100 on crée de toutes pièces, sur ce seul hectare, une valeur supplémentaire de 990 francs, et que dans le premier cas on gagne 200 francs par hectare, tous frais payés, tandis que dans le second on perd 790 francs.

Donc avec de la betterave riche, le prix de revient du blé sera peu élevé.

MELUN. — IMPRIMERIE E. DROSNE, RUE DE BOURGOGNE, 23.

www.ingramcontent.com/pod-product-compliance
Lightning Source LLC
LaVergne TN
LVHW012003160826
845678LV00002B/681

* 9 7 8 2 3 2 9 6 7 1 0 2 4 *